FORSCHUNGSBERICHTE DES LANDES NORDRHEIN-WESTFALEN

Nr. 2780/Fachgruppe Maschinenbau/Verfahrenstechnik

Herausgegeben im Auftrage des Ministerpräsidenten Heinz Kühn
vom Minister für Wissenschaft und Forschung Johannes Rau

Prof. Dipl.-Ing. Helmut Kampmann
Prof. Dr.-Ing. Ernst Kampmann

unter Mitarbeit von
ing. grad. Ulrich Opitz · ing. grad. Lothar Bückemeyer
ing. grad. Klaus Link · ing. grad. Reinhard Knychalla
ing. grad. Georg Luczak

Fachhochschule Bochum, Abt. Gelsenkirchen

Beitrag zur Entwicklung einer automatischen
Auswuchteinrichtung für Großschleifmaschinen

Westdeutscher Verlag 1978

CIP-Kurztitelaufnahme der Deutschen Bibliothek

Kampmann, Helmut
Beitrag zur Entwicklung einer automatischen Auswuchteinrichtung für Grossschleifmaschinen / Helmut Kampmann; Ernst Kampmann. Unter Mitarb. von Ulrich Opitz ... - Opladen: Westdeutscher Verlag, 1978.
  (Forschungsberichte des Landes Nordrhein-Westfalen; Nr. 2780 : Fachgruppe Maschinenbau, Verfahrenstechnik)
  ISBN-13: 978-3-531-02780-7   e-ISBN-13: 978-3-322-88416-9
  DOI: 10.1007/978-3-322-88416-9
NE: Kampmann, Ernst:

© 1978 by Westdeutscher Verlag GmbH, Opladen
Gesamtherstellung: Westdeutscher Verlag

ISBN-13: 978-3-531-02780-7

Inhaltsverzeichnis

1. Einleitung	3
2. Ablauf der Arbeiten	5
3. Prinzipielle Funktionsweise der Auswuchteinrichtung	6
4. Aufbereitung der Druck- und Richtungsimpulse	7
5. Gewinnung der Richtungsimpulse	18
6. Zusammenwirken von Richtungs- und Größenverstellung	20
7. Blockschaltbild und Gesamtplan der Regeleinrichtung	31
8. Mechanischer Teil der Auswuchteinrichtung	39
9. Erprobung der Auswuchteinrichtung	42
10. Schlußbetrachtung	43
11. Literaturverzeichnis	46

1. Einleitung

Zur Herstellung hochwertiger, metallischer Oberflächen dienen, neben anderen Möglichkeiten, die Schleifverfahren. Hierbei ist die erzielbare Oberflächengüte weitgehend abhängig vom Betrag der Unwucht der schnellaufenden Schleifscheiben. Dieser wird jedoch bereits durch die innere Inhomogenität des Schleifscheibenmaterials als Folge dessen Abriebs laufend verändert. Ein ständiges Auswuchtoptimum der Schleifscheiben kann nur durch eine Einrichtung erhalten bleiben, die vollautomatisch während des Betriebs die neu entstehenden Unwuchten sofort kompensiert.

Ziel der vorliegenden Arbeit war es, durch Studenten im Rahmen ihrer Abschlußarbeit, in Zusammenarbeit mit den Fachdozenten, einen Beitrag zum vorgenannten Problem zu liefern. Unter Verwendung von TTL-Technik, gedruckter Schaltung und möglichst preiswerter Mechanik sollte eine sogenannte "black box" geschaffen werden, die - möglichst auch an vorhandene Großschleifmaschinen anbaubar - selbständig für ein andauerndes Auswuchtoptimum der Schleifscheibe sorgt. Hierbei sollte weiterhin aus Kostengründen vorgesehen werden, die Regelelektronik so auszulegen, daß mit einem Zentralgerät mehrere mechanische Auswuchtaggregate gesteuert werden können.
Sämtliche hierzu notwendigen Entwicklungs- und Konstruktionsarbeiten wurden in Form von zueinander koordinierten studentischen Abschlußarbeiten durchgeführt. Diese Art der Durchführung erforderte allerdings recht viel Zeit. Es war nicht immer möglich, einen nahtlosen Übergang von einer Abschlußarbeit zur anderen zu finden. Weiterhin mußte jeder neu hinzustoßende Student wieder eingewiesen werden, was je nach Student mehr oder weniger viel Zeit

erforderte. Andererseits darf aber auch der Vorteil dieses
Verfahrens nicht übersehen werden, der darin bestand, daß
man Studenten die Möglichkeit gab, im Rahmen eines Forschungsvorhabens in Teamarbeit ihre technischen Fähigkeiten zu
erproben. Die Tatsache, daß es sich bei den Arbeiten um
keine sogenannten "Papierkorbarbeiten" handelte, sondern
um echte Neuentwicklungen, wirkte sich stark motivierend
auf die studentischen Arbeitsgruppen aus.
Insgesamt gesehen fügte sich die vorliegende Arbeit in
der Art und Weise ihrer Durchführung nahtlos in den
Aufgabenrahmen der Fachhochschule ein.

Es würde den Rahmen des vorliegenden Berichtes sprengen,
wollte man den Gesamtumfang der durchgeführten Entwicklungsarbeiten darstellen. Daher werden die wesentlichen
Ergebnisse der Arbeit in Form einer Zusammenfassung
gebracht.

2. Ablauf der Arbeiten

Die vorliegende Regelaufgabe erforderte eine Meßeinrichtung, eine Regeleinrichtung, sowie eine Stelleinrichtung.
Zur Erzielung einer optimalen Problemlösung war folgender Entwicklungsweg notwendig:

1. Untersuchung möglicher Meßeinrichtungen hinsichtlich ihrer Eignung für das vorliegende Problem
2. Vergleich verschiedener Lösungsmöglichkeiten für die Regeleinrichtung
3. Untersuchung und Vergleich verschiedener konstruktiver Lösungsmöglichkeiten für die Stelleinrichtung
4. Zuordnungsuntersuchung der unter Pkt. 1 bis 3 genannten Teilbereiche hinsichtlich eines "optimalen Gesamtkompromisses".

Der vorstehend beschriebene Entwicklungsweg konnte allerdings aus Zeit- und Kostengründen nicht konsequent eingehalten werden. Beispielsweise wurden als Meßaufnehmer für die vorhandenen Unwuchten Meßquarze in Verbindung mit hydrostatischer Schleifspindellagerung gewählt, weil ausgiebige Laborerfahrungen mit Quarz-Druckaufnehmern vorlagen und entsprechende Meßeinrichtungen bereits vorhanden waren. Außerdem wurden auf diese Weise Schwierigkeiten vermieden, die sich durch Schwerpunktsverlagerung der Schleifspindel infolge Ungenauigkeiten einer Kugellagerung der Spindel ergeben könnten.
Weiterhin war abzusehen, daß durch diese Entscheidung eine spätere Verwendung von Alternativ-Meßaufnehmern, wie z.B. Tauchspulenaufnehmern nicht ausgeschlossen war.

3. Prinzipielle Funktionsweise der automatischen Auswuchteinrichtung

Die Schleifspindel wird in zwei hydrostatischen Lagern gehalten, von denen eines als kombiniertes Radial- Axiallager ausgebildet ist. Die Spindel ist als Hohlwelle ausgeführt. An den Spindelenden befindet sich jeweils eine Wuchtkammer, die eine verstellbare Kompensationsunwucht KU enthält. Die Hohlwelle enthält in der Nähe der Wuchtkammern je zwei Getriebe-Stellmotoren. Einer der Motore verstellt die KU in ihrer Amplitude (Größenverstellung), während der andere die gesamte Wuchtkammer dreht und damit die Richtung der KU einstellt (Richtungsverstellung). Die zweifache Gesamtanordnung ist notwendig, um ein dynamisches Wuchten zu ermöglichen. Skizze 1 zeigt schematisch die Anordnung.

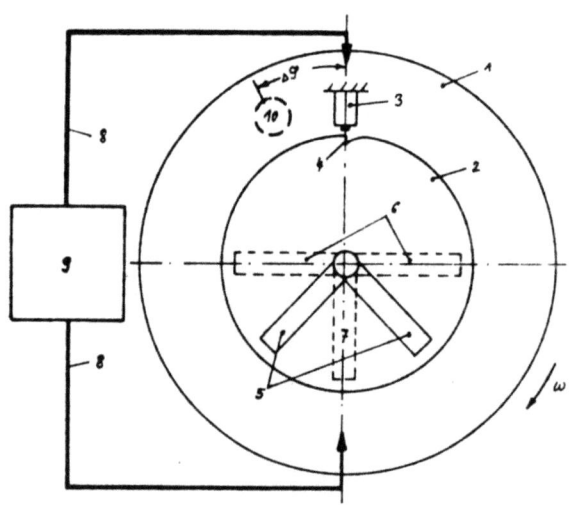

1. Schleifscheibe
2. Wuchtkammer
3. Richtungsgeber
4. Richtungsmarke
5. Kompensationsmassen
6. Ausgangsposition der Kompensationsmassen (KU)
7. Endstellung der KU
8. Druckaufnehmerleitung
9. Differenzdruckaufnehmer
10. Unwuchtmasse innerhalb der Schleifscheibe

Skizze 1: Schematische Anordnung der Meß- und Stelleinrichtung

Die Position der KU ist außen am Wuchtzylinder durch
eine Kerbe gekennzeichnet (Richtungsmarke). Während die
Wuchtzylinder mit der Schleifscheibe rotieren, steht ihnen
ein feststehender elektromagnetischer Geber gegenüber,
der beim Vorbeilauf der Richtungsmarke ein elektrisches
Signal abgibt. Die Impulse dieses Gebers, im folgenden
"Richtungsimpulse" genannt, kennzeichnen mithin die Lage
der KU. Da die Schleifspindel hydrostatisch gelagert ist,
erzeugt der Fliehkraftvektor der Unwucht in den hydrostatischen Lagern einen umlaufenden dynamischen Druck,
der sich dem statischen Lagerdruck überlagert und mit
der Unwucht in Phase ist. Der umlaufende Druck wird mit
Quarz-Druckaufnehmern erfaßt und mit Hilfe eines Ladungs-
verstärkers in proportionale elektrische "Druckimpulse"
umgewandelt.

4. Aufbereitung der Druck- und Richtungsimpulse.

Während die Richtungsimpulse mit konstanter Amplitude
und Flankensteilheit auftreten, schwanken die Druckimpulse
in ihrer Amplitude je nach Größe der Unwucht. Infolge-
dessen schwankt auch ihre Flankensteilheit. Würde man
die Druckimpulse zur Gewinnung von Rechteckimpulsen z.B.
einem Schmitt-Trigger zuführen, so wären die Rechteckimpulse in ihrer Breite ebenfalls variabel, sodaß die
Impulsflanken keine genaue Aussage über die Phasenlage
der Unwucht zulassen würden. Es war daher eine Maximumsbestimmung notwendig. Da die Verfahren mit elektronischen
Differenzierern und Integratoren verschiedene Nachteile
aufweisen, die hier aber nicht weiter erläutert werden
sollen, wurde ein Sonderverfahren zur Maximumsbestimmung
entwickelt, das folgende Bedingungen erfüllen mußte:

1. Funktion auch bei Übersteuerung des Druckaufnehmerverstärkers
2. kein wesentlicher Fehlereinfluß durch Oberwellen, die in ihrer Frequenz wesentlich über der Grundwelle liegen
3. nach Möglichkeit kein größerer Schaltungsaufwand als beim Differenzierer.

Bei Untersuchung der Verhältnisse erkennt man, daß sich der Einfluß von Oberwellen, deren Frequenz wesentlich über der des Nutzsignals liegt, hauptsächlich an den Kurvenstellen bemerkbar macht, an denen die Flankensteilheit gering ist, d.h. in der Nähe der Maxima und dort, wo die Signalamplitude null wird. Da die Kompensation der Unwucht ohnehin bei einem Minimumpegel, der über dem Störpegel liegen muß, beendet sein soll, liegt es nahe, die Winkelbestimmung pegelabhängig vorzunehmen, wie es in der folgenden Schaltung und im Impulsdiagramm durch die Einführung eines weiteren Schwellwertes SW1 gezeigt wird.

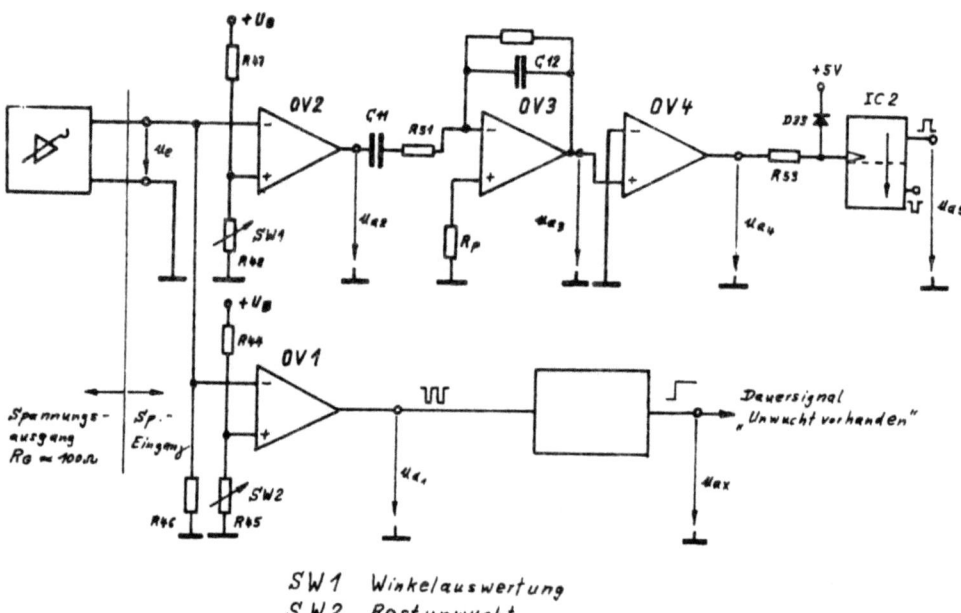

SW1 Winkelauswertung
SW2 Restunwucht

Skizze 2: Schaltung für Maximumsbestimmung

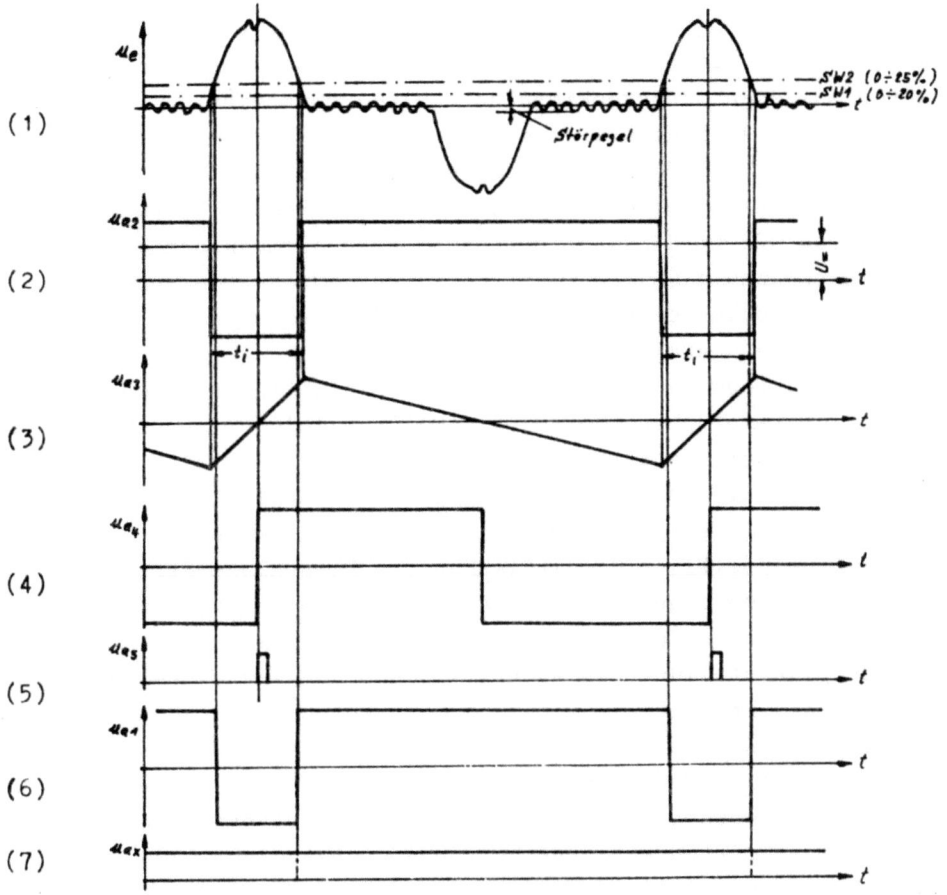

Skizze 3: Impulsdiagramm zu Skizze 2

Es werden für die Aufbereitung der elektrischen Druckimpulse zwei Schwellwerte SW1 und SW2 vorgegeben, die bei der Versuchseinrichtung von außen definiert einstellbar sind. Dabei erfolgte die Skalierung der Potentiometer in Prozentwerten der Ausgangsspannung vom Druckaufnehmerverstärker. Unterschreitet die Amplitude der Druckimpulse (1) diese Schwellwerte, so ändern sich die Polaritäten der

Ausgangsspannung von Operationsverstärker 1 (OV1) und OV2, die hier als Spannungskomparator arbeiten, sodaß an ihren Ausgängen Rechteckimpulse (2),(6) entstehen. Schwellwert 1 liegt über dem Störpegel und soll möglichst den steilen Teil der Druckimpulse schneiden. Der Wechselspannungsanteil der daraus resultierenden Rechteckimpulsfolge von OV2 wird integriert, sodaß eine dreieckförmige Ausgangsspannung (3) entsteht. Ihre Nulldurchgänge innerhalb der Impulsbreite t_i stimmen mit den Maxima der Druckimpulse überein.

Die dreieckförmige Spannung wird einem nichtinvertierenden Operationsverstärker OV4, der als Nullvergleicher arbeitet, zugeführt. Somit entsteht wieder ein Rechtecksignal (4), dessen positive Impulsflanken einen monostabilen Multivibrator triggern, dessen positive Ausgangsimpulse (5) durch ihre positiven Schaltflanken die Phasenlage der Unwucht kennzeichnen. Seine Ausgangsimpulse konstanter Breite dienen in Verbindung mit den Richtungsimpulsen zur Richtungsverstellung des Wuchtzylinders und zur Winkelanzeige. Solange die Druckimpulsamplitude SW2 überschreitet, bedeutet dies, daß noch eine Unwucht vorhanden ist. Daher wird aus den Ausgangsimpulsen von OV1 ein Dauersignal zur Größenverstellung gewonnen. Erst, wenn durch die Kompensation SW2 unterschritten wird, erscheinen am Ausgang von OV1 keine Rechteckimpulse mehr, die Spannung u_{a1} wird dann näherungsweise gleich U_B und der Stellantrieb kommt zur Ruhe. Somit gibt SW2 die Restunwucht bzw. den Ansprechpegel für die Regeleinrichtung vor.

Strenggenommen decken sich die Nulldurchgänge der dreieckförmigen Integrator-Ausgangsspannung mit den Maxima nur dann, wenn die Druckimpulse genau symmetrisch sind. Bei einer Unsymmetrie der Druckimpulse wird der Fehler aber relativ klein, da mit fallender Druckimpulsamplitude das Maximum immer mehr mit den Nullstellen von u_{a3} zusammenfällt.

Sind keine Oberwellen vorhanden, und ist SW1 = SW2, geht der Fehler theoretisch gegen null (Skizze 4), da die Winkelverstellung Priorität besitzt und daher bei Überschreiten des eingestellten Toleranzwinkels φ_{Rest} während der Kompensation immer wieder eine Nachregelung erfolgen würde. Praktisch ist bei einer Unsymmetrie der Druckimpulse der Winkelfehler umso größer, je weiter SW1 und SW2 auseinanderliegen. Die Lage von SW2 und SW1 muß aber dem vorhandenen Störpegel angepaßt werden, wie folgende Ausführungen zeigen. Wäre nur ein Schwellwert vorhanden (Skizze 5), bei dem die Regeleinrichtung zur Ruhe kommt, würde mit kleiner werdender Amplitude von u_e die Lage des Maximums durch die Einwirkung der Störspannung mit dem relativ hohen Fehler $\Delta\varphi$ in Skizze 5 ermittelt. Werden dagegen, wie in Skizze 6 zwei Schwellwerte vorgegeben, wird der Auswuchtvorgang beim Unterschreiten der Eingangsspannung von SW2 und damit die Auswertung des Winkels ebenfalls beendet. An den Stellen 1 und 2 kann die Eingangsspannung u_e den SW1 durch die überlagerte Störspannung zwar mehrmals über- und unterschreiten; aber bei der Integration des Wechselspannungsanteils u_{a2} verursacht ein "Umkippen" der Ausgangsspannung u_{a2} für die Zeit t_e nur einen relativ kleinen Fehler, wie ein Versuch nach Skizze 7 zeigen soll.

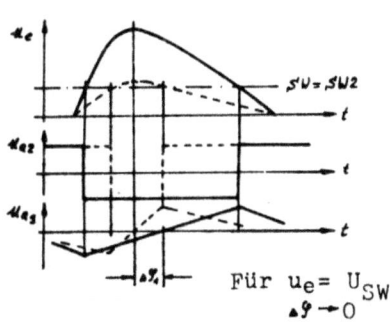

Skizze 4

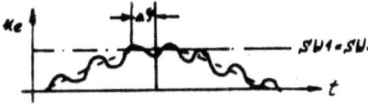

Skizze 5

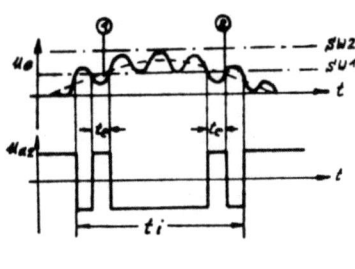

Skizze 6

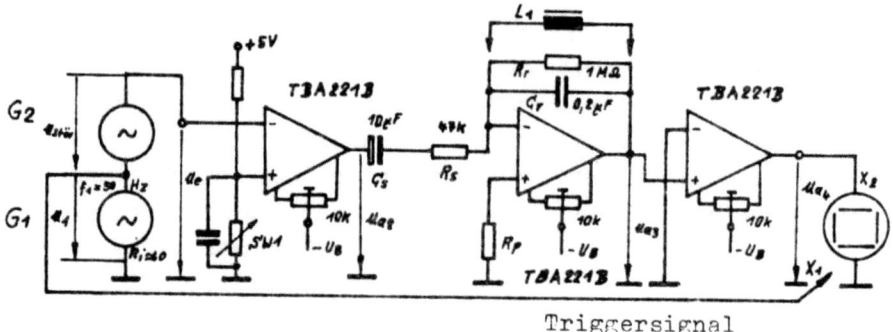

Skizze 7: Versuchsschaltung

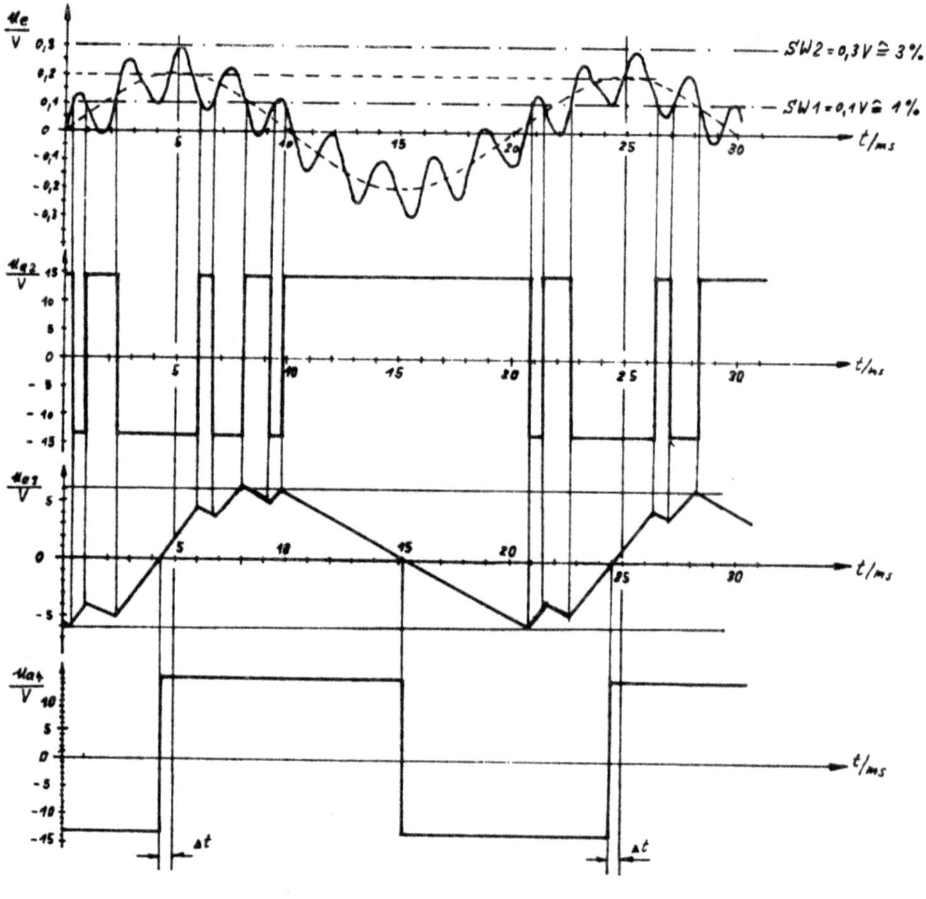

Skizze 8: (siehe Text zu Skizze 7)

Dem sinusförmigen Nutzsignal u_1 wurde die ebenfalls sinusförmige Störspannung $u_{stör}$ gemäß Schaltung nach Skizze 8 überlagert. Dabei wurden SW1 und SW2 nach Skizze 7 so eingestellt, daß SW1 gleich der Störspannungsamplitude ist und SW2 gleich dem Dachwert der Gesamtschwingung ist, sodaß wie in Skizze 6 die Einbrüche bei den Rechteckimpulsen (u_{a2}) nur an den Rändern und nicht auch in der Mitte auftraten. Die Störspannungsamplitude beträgt mithin 50 % der Nutzsignalamplitude, sodaß also ein relativ hoher Störpegel vorliegt. Die Werte und Kurvenformen der Eingangsspannungen für u_e wurden frei gewählt, um das Verhalten der Schaltung nach Skizze 2 beim Auftreten von Oberwellen festzustellen, sodaß hier also nicht ausgesagt werden soll, daß die zu erwartenden Oberwellen ebenfalls der Sinusform entsprechen. Für den gewählten Schwellwert SW1 = 0,1 V $\hat{=}$ 1 % und $\hat{u}_1$ = 0,2 V, $\hat{u}_{stör}$ = 0,1 V wurden für drei verschiedene Störfrequenzen als Beispiel die entsprechenden Winkelschwankungen $\Delta \varphi$ oszillografisch gemessen und in folgender Tabelle zusammengefaßt. Mit dem Einsatz der Induktivität L_1 beim Integrator muß an dieser Stelle etwas vorgegriffen werden. Auf den positiven Einfluß der Induktivität soll an dieser Stelle jedoch nicht weiter eingegangen werden. Da die Abweichung $\Delta \varphi$ aus den Schirmbildern für u_e und u_{a4} praktisch nicht sichtbar war wegen des nicht erkennbaren Maximums, wurde Kanal 1 des Zweistrahloszillografen mit u_1 getriggert (Bezugsgröße) und die entstehenden Zeitschwankungen Δt für u_{a4} durch entsprechende Spreizung der Zeitachse auf Kanal 2 gemessen. Bei diesem Versuch ist darauf zu achten, daß Generator G1 einen niedrigen Innenwiderstand aufweist, damit der Strom $i_{stör}$ von Generator G2 am Innenwiderstand von G1 keinen Spannungsabfall hervorruft, um das Triggersignal für den Oszillografen durch G2 nicht zu beeinflussen.

$\frac{\hat{u}_1}{V}$	$\frac{\hat{u}_{stör}}{V}$	$\frac{f_{stör}}{Hz}$	$\frac{\Delta t}{ms}$	$\Delta \varphi$/grd (T=20ms)	Bemerkung
0,2	0,1	801	±0,16	±2,9	mit L1
0,2	0,1	601	±0,21	±3,8	mit L1
0,2	0,1	401	±0,42	±7,6	mit L1
0,2	0,1	801	±0,54	±9,7	ohne L1
0,2	0,1	601	±0,69	±12,4	ohne L1
0,2	0,1	401	±1,9	±34	ohne L1

Da $f_{stör}$ als ungeradzahliges Vielfaches von f_1 gewählt war, konnten durch die entstehenden Schwebungen von 1 Hz die Schwankungen Δt genau verfolgt werden.
Wie aus der Tabelle ersichtlich ist, steigen die Winkelschwankungen mit fallender Störfrequenz und sind nur zu vernachlässigen, wenn $f_{stör} \gg f_1 = f_{nutz}$ ist. Daher muß diese Methode versagen, wenn Oberwellen auftreten, die mit ihrer Frequenz in der Nähe der Signalfrequenz f_1 = 50 Hz liegen. Dann wäre eine befriedigende Aussiebung nur mit einem Filter möglich. Da aber ein Filter auch nur für den Fall der genauen Abstimmung auf die Grundwelle f_1 keine zusätzlichen Phasenfehler verursacht und nur höherfrequente Störspannungen zu erwarten sind, wurde die Maximumsbestimmung mit einer Schaltung nach Skizze 8 vorgenommen, da dieses Verfahren zunächst den besten Kompromiß darstellt. Bei einem günstigeren Störabstand ergeben sich zudem noch bessere Werte, als sie die obenstehende Tabelle zeigt. Das würde allerdings eine Heraufsetzung von SW2, bei dem Winkelauswertung und Kompensation beendet werden, erforderlich machen. Es müßte also eine höhere Restunwucht in Kauf genommen werden. Entsprechend dem Störpegel muß bei der Einstellung von SW1 und SW2 ein Kompromiß gesucht werden, bei dem die Restunwucht ($\hat{=}$ SW2) und der Winkelfehler nicht zu groß werden.
Eine Kompensation der Unwucht wäre prinzipiell bis SW1 denkbar, wenn beim Unterschreiten von SW2 die Winkelnachregelung nicht mehr möglich sein soll in der Annahme, daß beim Kompensationsvorgang von SW2 nach SW1 kein nennenswerter Winkelfehler mehr eintritt. Diese Lösung ist aber nicht brauchbar für den Fall, daß eine erneute Unwucht auftritt, die SW1 überschreitet, aber SW2 noch nicht erreicht hat, da dann keine Winkelregelung des Wuchtzylinders möglich wäre. Deshalb wird, wie beschrieben, die Maximumsbestimmung von SW1 abgeleitet und der Ansprechwert der Schaltung (Aussage "Unwucht vorhanden") von SW2.

Wie die vorherigen Ausführungen gezeigt haben, ist eine
weitere Optimierung des Wuchtergebnisses bei hohem Störpegel (Senkung von SW1 und SW2) und eine Unterdrückung
von Oberwellen, die in Nähe der Grundwelle liegen, nur durch
den Einsatz eines Filters gemäß Skizze 9 möglich.

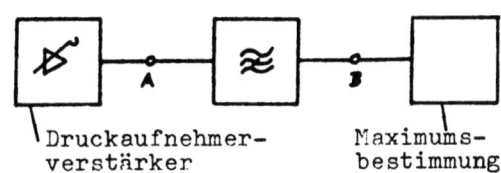

Druckaufnehmer-
verstärker

Maximums-
bestimmung

Skizze 9

Da jedoch der Bandpass zwischen den Punkten A und B keine
zusätzliche Phasenverschiebung hervorrufen darf, müßte
entweder die Drehzahl des Antriebs konstant gehalten werden
oder der Bandpaß bei Drehzahlschwankungen nachgestimmt
werden, wovon die erste Möglichkeit wahrscheinlich zu
aufwendig würde. Die erforderliche Steilheit der Filter-
durchlaßkurve und damit die Wahl der Schaltung hängen von
der auszusiebenden Frequenz und den Störfrequenzen ab.
Die zweite Möglichkeit der Nachstimmung müßte zweckmäßiger-
weise automatisch erfolgen. Eine automatische Nachstimmung
läßt sich jedoch nur schwer realisieren, da die Impedanzen
Z_2 und Z_1 entsprechend nachgestellt werden müßten. Ergeben
die praktischen Wuchtversuche, daß sich der Einsatz eines
Filters aus den erwähnten Gründen lohnt, so wird für eine
automatische Nachstimmung des Filters ein Lösungsprinzip
nach Skizze 10 vorgeschlagen, das jedoch im Detail noch
entwickelt werden muß.

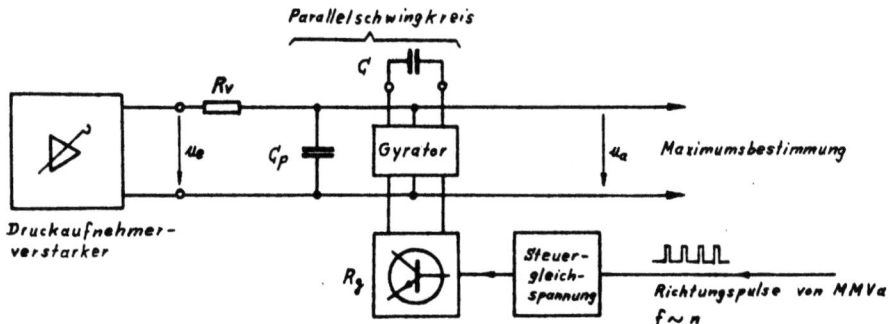

Skizze 10: Nachstimmbarer Filter:Schaltungsvorschlag

Dem Druckaufnehmerverstärker folgt über den Widerstand R_v ein Parallelschwingkreis, gebildet aus der Kapazität C_p und einem Gyrator, für dessen Induktivität gilt:

$$L = R_g^2 \cdot C \qquad R_g = \text{Gyratorwiderstand}$$

Damit wird die Resonanzfrequenz des Parallelschwingkreises:

$$f_o = \frac{1}{2\pi \sqrt{L \cdot C_p}} = \frac{1}{2\pi \cdot R_g \cdot \sqrt{C \cdot C_p}}$$

Wie die vorstehende Gleichung zeigt, ergibt sich bei einer Änderung des Gyratorwiderstandes R_g eine umgekehrt proportionale Änderung der Resonanzfrequenz. Der Gyratorwiderstand wird hier durch die Kollektor-Emitterstrecke eines Steuertransistors gebildet. Die Schaltung ist so dimensioniert, daß der Ausgangswiderstand des Transistors mit der Steuergleichspannung in einem festen Zusammenhang steht. Die Steuerspannung wird durch Impulsintegration aus den Richtungsimpulsen gewonnen und ist somit bei konstanter Kippzeit des Monovibrators MMVa der Drehzahl proportional. Dann steuert die Drehzahl die Resonanzfrequenz, wodurch auch die Phasenverschiebung zwischen u_a und u_e bei exaktem Gleichlauf zwischen Drehzahl und Resonanzfrequenz null wird, wie Skizze 11 qualitativ zeigt.

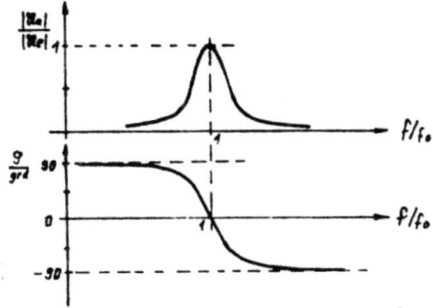

Skizze 11

Die zur Maximumsbestimmung ausgeführte Schaltung ist in der folgenden Skizze 12 dargestellt, wobei die Dimensionierung der Bauteile aus Platzgründen hier nicht gebracht wird.

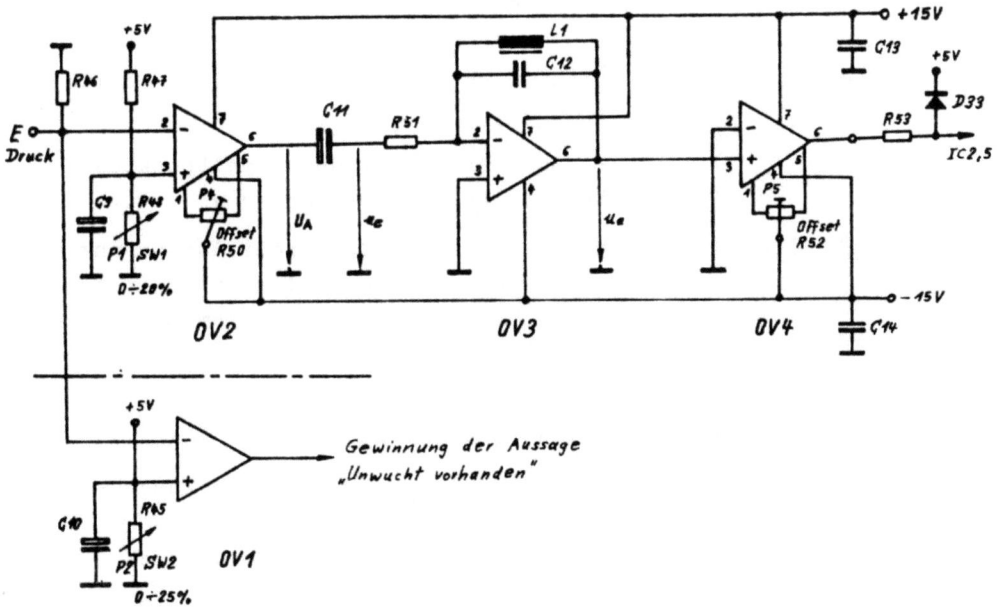

Skizze 12: Ausgeführte Schaltung zur Maximumsbestimmung

5. Gewinnung der Richtungsimpulse

Die Gewinnung der Richtungsimpulse, die die Lage der KU definieren, soll rückwirkungsfrei am Wuchtzylinder erfolgen. Die in Frage kommenden Geberarten sind im folgenden mit ihren Eigenschaften zusammemgestellt:

1. Reflexionslichtschranke
    Vorteile: a) bis Drehzahl n = 0 einsetzbar
               b) einfache Lageerfassung am rotierenden Teil durch Anstrich etc.,d.h. keine zusätzliche Unwucht
               c) steile Schaltflanken
               d) unempfindlich gegen Störwechselfelder
    Nachteile: a) begrenzte Lebensdauer der Glühlampe
               b) Richtungsmarke empfindlich gegen Verschmutzung
               c) eventuelle Änderung des Ansprechpunktes nach Lampentausch
               d) zusätzliche Spannungsversorgung notwendig.

2. HF-Geber (Bauformen mit flacher Stirnfläche oder Schlitz)
    Vorteile: a) bis Drehzahl n = 0 einsetzbar
               b) gute Reproduzierbarkeit des Schaltpunktes
               c) unempfindlich gegen Verschmutzung
    Nachteile: a) je nach Gebertype relativ große Aussparung bzw. Metallfahne am Wuchtzylinder erforderlich
               b) zusätzliche Spannungsversorgung erforderlich

3. Hallgenerator
    Vorteile: a) bis Drehzahl n = 0 einsetzbar
    Nachteile: a) nur kleine Signalspannung, deshalb Zusatzeinrichtungen erforderlich
               b) zusätzlich Permanentmagnet erforderlich

4. Feldplatten

   Vorteile: a) bis Drehzahl n = 0 einsetzbar
   Nachteile: a) nur kleine Widerstandsänderung, dehalb Zusatzeinrichtung erforderlich

5. Magnetdioden

   Vorteile: a) bis Drehzahl n = 0 einsetzbar
   Nachteile: a) relativ kleine Spannungsänderung, deshalb Zusatzeinrichtung erforderlich
   b) Permanentmagnet erforderlich

6. Elektromagnetischer Geber

   Vorteile: a) sehr kleine Stirnfläche, daher gute Fixierung des Schaltpunktes möglich
   b) preisgünstig, da einfacher Aufbau
   c) einfache Lageerfassung am rotierenden Teil (axial z.B. durch Bohrung, radial z.B. durch Nut)
   d) relativ hohe Spannungsabgabe, daher keine Zusatzverstärker bei günstiger Kombination mit der Schaltung erforderlich
   e) unempfindlich gegen Verschmutzung
   f) Quellspannung nahezu temperaturunabhängig

   Nachteile: a) zusätzliche Unwucht durch Bohrung, Nut oder Metallfahne (jedoch relativ klein)
   b) Spannungsimpulsamplitude $\hat{u}_q$ abhängig von der Umfangsgeschwindigkeit des rotierenden Teils daher nur für mittlere bis hohe Drehzahlen brauchbar
   c) Abgriff nur an ferromagnetischem Material möglich.

Unter Abwägung aller Vor- und Nachteile wurde dem elektromagnetischen Geber nach Pos.6 der Vorzug gegeben.

Mit Hilfe der induzierten Geberspannung wurde der angeschlossene TTL-Baustein umgesteuert. Da jedoch zu erwarten war, daß der Eingangsimpuls die zur Ansteuerung normaler TTL-Gatter erforderlichen Anstiegs- und Abfallzeiten von $t \leq 1 \mu s$ nicht erreichte, mußte dem Geber ein Schmitt-Trigger, bzw. ein monostabiler Multivibrator mit Schmitt-Trigger-Eingang nachgeschaltet werden.

6. Zusammenwirken von Richtungs- und Größenverstellung.

Die Unwuchtmasse kann innerhalb der Schleifscheibe an jeder Stelle und bis zu einem Maximalwert mit beliebiger Amplitude auftreten. Aufgabe der Auswuchteinrichtung ist es, die KU in ihrer Phasenlage und ihrer Amplitude der Unwucht anzupassen. Es ist daher zweckmäßig, die Unwucht als Führungsgröße $\underline{W}$ aufzufassen, auf die die KU als Regelgröße $\underline{X}$ gebracht werden soll. Da beide Größen komplex sind, ergibt sich die Regelabweichung zu:

(1) $\quad \underline{x} = \underline{X} - \underline{W}$

Hierbei soll die Führungsgröße die Phasenlage $e^{j0°}$ aufweisen. Wir erhalten:

(2) $\quad \underline{x} = X \cdot e^{j\Delta\varphi} - W \cdot e^{j0°} \qquad 0 \leq \Delta\varphi \leq 360°$

(3) $\quad \underline{x} = X \cdot \cos\Delta\varphi + jX \cdot \sin\Delta\varphi - W \cdot \cos 0° - jW \cdot \sin 0°$

(4) $\quad \underline{x} = X \cdot \cos\Delta\varphi - W + jX \cdot \sin\Delta\varphi$

Wie aus Gl.4 hervorgeht, kann $\underline{x}$ nur Null werden, wenn der darin enthaltene Imaginärteil beseitigt wird. Dies aber ist praktisch nur möglich, indem zuerst die Winkelabweichung $\Delta\varphi$ ausgeregelt wird. Erst anschließend kann der verbleibende Realteil

(5) $\quad x = X - W \quad$ kompensiert werden.

Für eine Schaltungsausführung bedeutet das, daß die Winkelverstellung gegenüber der Größenverstellung Priorität besitzt. Es dürfen also nicht beide Stellmotoren gleichzeitig

laufen. Andernfalls würden sich Unwucht $\underline{W}$ und KU $\underline{X}$ zu einem komplexen Wert $\underline{x}$ überlagern und der angestrebte Fall $\underline{x} = 0$ wäre dem Zufall überlassen. Weiterhin erkennt man an Gl.4, daß die Qualität der Auswuchtung auch von der Genauigkeit, mit der der Winkelwert $\Delta\varphi = 0$ eingestellt werden kann, abhängt.
Aus den vorstehenden Überlegungen heraus werden in den folgenden Impulsdiagrammen die Druckimpulse als Bezugsgröße eingetragen.

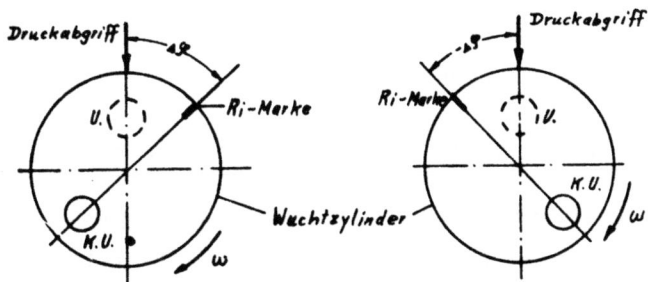

Skizze 13

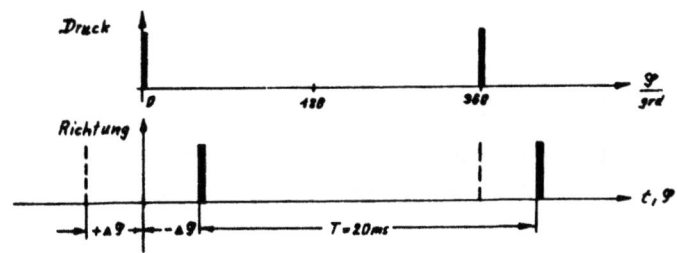

Skizze 14

Die aus den Winkelabweichungen $\pm \Delta \varphi$ sich ergebenden
Stellsignale für den Richtungsmotor sollen wie folgt
definiert werden:

$+\Delta \varphi$: Richtungsmotor dreht den Wuchtzylinder so, daß
die Richtungsimpulse auf der t-Achse im positiven Sinn verschoben werden.
≙ Ri-Mot vorwärts

$-\Delta \varphi$: Richtungsmotor dreht den Wuchtzylinder so, daß
die Richtungsimpulse auf der t-Achse im negativen Sinn verschoben werden.
≙ Ri-Mot rückwärts

Entwurf einer Regeleinrichtung:

A) Lösung des Problems mit Hilfe einer Ablaufsteuerung:

Da, wie gezeigt, die Richtungsverstellung Priorität besitzt,
ergäbe sich folgende Disposition für eine Ablaufsteuerung:

1. Rückfahren der KU bis in die Grundstellung beim Auftreten einer Unwucht, die den Ansprechwert übersteigt.
Hierbei erfolgt die Motorabschaltung selbsttätig über
einen Endschalter.

2. Richtungsverstellung bis zur Deckung von Druck- und
Richtungsimpulsen.

3. Vorwärtsverstellung der KU bis eine eingestellte Restunwucht erreicht ist.

In einem schematischen Impulsdiagramm dargestellt, würde
sich folgender Ablauf beim Wuchtvorgang ergeben:

- 23 -

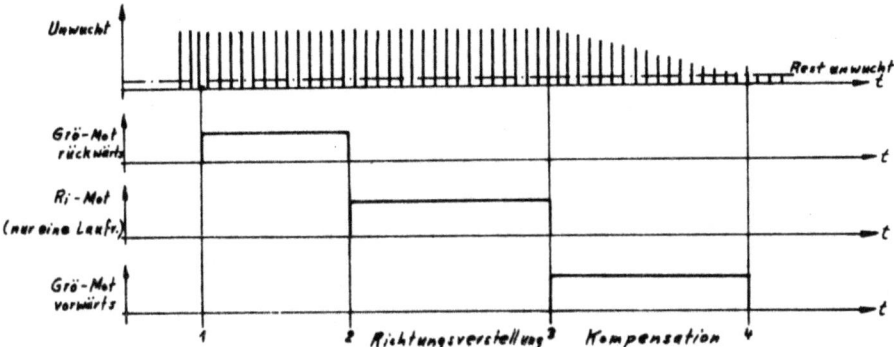

Skizze 15: Impulsdiagramm zur Ablaufsteuerung

Dieses Verfahren hat jedoch folgende Nachteile:

Geht man davon aus,daß sich die Unwuchtmasse während des Betriebs nur langsam verlagert und in der Größe sich nur etwas ändert,so ist es unbefriedigend,daß sich beim Überschreiten der eingestellten Restunwucht jedesmal der gleiche,im Impulsdiagramm dargestellte,zeitaufwendige Ablauf ergibt. Da die Kompensationsmassen jedesmal ganz zurückgefahren werden (t_{1-2}),ergibt sich auch für den eigentlichen Kompensationsvorgang eine relativ lange Zeit (t_{3-4}). Ebenfalls zeitaufwendig ist die Richtungsverstellung, da nicht erkannt wird,ob die Winkelabweichung positiv oder negativ ist und somit nur eine Laufrichtung möglich ist. Weiterhin soll zumindest die Versuchseinrichtung eine Handbetätigung der Stellmotore zulassen,sodaß eine Umschaltung "Hand - Automatik" erforderlich wird. Bei einer Umschaltung von manuellem Betrieb auf Automatik könnte aber der oben dargestellte Funktionsablauf gestört werden,da jedem Motoreinschaltbefehl bei t_2 und t_3 die entsprechende Endmeldung vorausgeht. Schaltet man z.B. bei $t_1 < t < t_2$ auf Handbetrieb,beseitigt eine Winkelabweichung manuell und schaltet dann zurück auf Automatik,so fehlen der Ablaufsteuerung die Zwischenbefehle,um den Befehl "Grö-Mot-vorwärts" für die automatische Kompensation einzuschalten,da der frühere Befehl "Grö-Mot-rückwärts" noch vorhanden ist. Wegen dieser Nachteile wurde eine geeignete Ablaufregelung gesucht.

B) Lösung des Problems mit Hilfe einer Nachlaufregelung.

Probleme der Größenverstellung

Für die richtige Verstellung des Größenmotors oder Richtungsmotors müßte das Vorzeichen der Regelabweichung erkannt werden. Für die Winkelverstellung bereitet das schaltungsmäßig keine Schwierigkeiten, da die zeitliche Differenz zwischen Richtungs- und Druckimpulsen ausgewertet werden kann. Dagegen ist die Vorzeichenerkennung der Größenabweichung $x = X - W$ aus den eintreffenden Druck- und Richtungsimpulsen nur schwer durchführbar, da X und W nicht als konstante Analogwerte zur Verfügung stehen. Da der Druckaufnehmer ohnehin nur die resultierende Unwucht, gebildet aus Unwucht und KU registrieren würde, könnte das Vorzeichen von x nur festgestellt werden, wenn der Winkel $\Delta\varphi = 0$ ist.

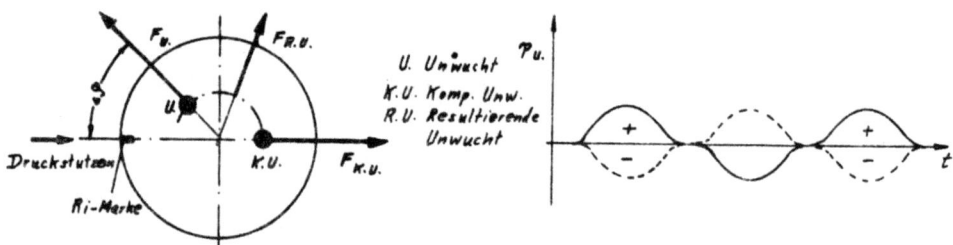

Skizze 16   Skizze 17

Wie das Impulsdiagramm Skizze 17 zeigt, würde sich dann die Phasenlage der Druckimpulse um 180° ändern, wenn z.B. die KU zu groß wird (gestrichelte Linien), was mit einem Vorzeichenwechsel identisch wäre. Um diese Änderung auswerten zu können, muß jedoch ein geeignetes Bezugssignal vorhanden sein, welches die gleiche Phasenlage aufweist, wie die Druckimpulse. Die Richtungsimpulse sind für diesen Zweck ungeeignet, da ihre Phasenlage zu den Druckimpulsen nicht konstant ist.

Eine weitere Möglichkeit der Vorzeichenerkennung besteht
darin, die Amplitude der Unwucht zu messen, wobei die KU
allerdings Null sein muß. Dieser Meßwert, der z.B. analog
vorliegt, müßte für die Differenzbildung mit einem analogen
Wert für die KU, z.B. gebildet aus einer Potentiometer-
stellung, die ein Maß für die Auslenkung der Kompensationsmassen ist, verglichen werden.
Dieses Verfahren wäre jedoch apparativ aufwendig und würde
auch eine hohe Gesamtregelzeit ergeben, da die KU für die
Messung der Unwucht jedesmal in die Ausgangsstellung
zurückgefahren werden muß. Es ergäben sich daher gegenüber
der Ablaufsteuerung keine Regelzeitvorteile.

Gewähltes Regelprinzip:

Wegen der Problematik der Vorzeichenerkennung wurde nach
einer Möglichkeit gesucht, die nicht unbedingt eine Ermittlung
des Vorzeichens für eine richtige Verstellung des Größenmotors erforderlich macht, sondern die richtige Verstellung
aus der Phasenverschiebung zwischen Druck- und Richtungsimpulsen herleitet. Auf die Messung der Amplitude der
Unwucht soll nach Möglichkeit ohnehin verzichtet werden,
da die Kompensation bei einer Restunwucht, die durch einen
Spannungswert vorgegeben ist, beendet werden soll. Daher
läuft der Stellmotor so lange, bis die Restunwucht unterschritten wird.
Bei der Entwicklung des folgenden Regelprinzips wurde
davon ausgegangen, daß sich bei einer ausgewuchteten Schleifscheibe Betrag und Richtung der Unwucht während des Betriebs
nur allmählich ändern. Daher wurde gemäß Skizze 18 ein
Toleranzbereich für die
Richtungsverstellung als
sogenannter <u>Winkelfangbereich</u>
vorgegeben.

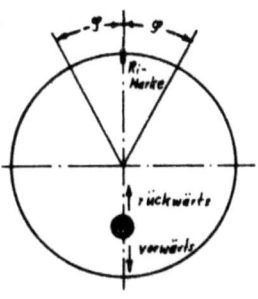

Skizze 18

Liegen die Druckimpulse innerhalb des Fangbereiches $\pm \varphi$, so erfolgt zunächst die Winkelregelung, d.h. die Beseitigung der Phasenabweichung $\Delta \varphi$ zwischen Druck- und Richtungsimpulsen und anschließend die Vorwärtseinstellung der KU. Fallen die Druckimpulse dagegen nicht in den Fangbereich, so erfolgt zuerst eine Rückwärtsverstellung der KU, um anschließend die Winkelabweichung $\Delta \varphi$ zu beseitigen. Hiernach erfolgt dann die Kompensation der Unwucht durch Vorwärtseinstellung der KU.

Folgende Beispiele sollen mögliche Unwuchtfälle mit ihrer Kompensation erläutern:

1. Unwuchtmasse verlagert sich nach innen:

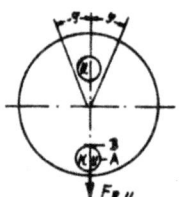

In diesem Fall ist die KU zu groß, was nach Gleichung $x = X - W$ mit einer positiven Unwucht vergleichbar ist. Da die Druckimpulse nicht in den Fangbereich fallen, erfolgt die Rückwärtsverstellung der KU, bis bei B die Kompensation erreicht ist.

2. Unwuchtmasse verlagert sich nach außen:

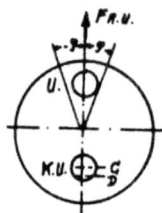

In diesem Fall ist die KU zu klein, was mit einer negativen Unwucht vergleichbar ist. Hier liegen die Druckimpulse innerhalb des Fangbereichs, da $r_U > r_{KU}$ und $F_U > F_{KU}$ ist. Es erfolgt eine Vorwärtsverstellung der KU, bis bei D die Kompensation erreicht ist.

3. Unwuchtmasse verlagert sich seitlich:

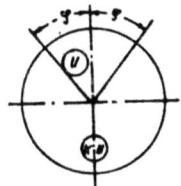

Hier verläuft der Kompensationsvorgang in drei Abschnitten. Als Beispiel diene Skizze 19, in der der Fangbereich mit $\pm 30°$ vorgegeben ist. Anfangs liege der kompensierte Zustand vor, d.h. der Unwuchtkraft $\vec{F_{U1}}$ steht die betragsmäßig gleiche KU-Kraft $\vec{F_{KU1}}$ gegenüber. Durch einen Störgrößeneinfluß verlagere sich nun $\vec{F_{U1}}$ um den Winkel $-\varphi_1$, sodaß die neue Unwucht $\vec{F_{U2}}$ entsteht. Der Druckaufnehmer reagiert jedoch nur auf die resultierende Unwucht $\vec{F_{rU1}}$, gebildet aus $\vec{F_{KU1}}$ und $\vec{F_{U2}}$, die nicht in den Fangbereich fällt. Deshalb wird $\vec{F_{KU1}}$ bis auf den Wert $\vec{F_{KU2}}$ zurückgestellt, sodaß die resultierende Unwucht $\vec{F_{rU2}}$ in den Fangbereich fällt. Jetzt beginnt die Winkelverstellung. Da die Winkelabweichung $\Delta\varphi$ negativ ist, wird der Wuchtzylinder im positiven Sinn gedreht. Dabei beschreibt die Kraft $\vec{F_{KU2}}$ den Kreisbogen $\widehat{AB}$, wodurch in jedem Augenblick eine neue resultierende Unwucht $\vec{F_{rU}}$ entsteht, deren Spitzen insgesamt die Kurve $\widehat{ab}$ beschreiben. Der Wuchtzylinder wird so lange gedreht, bis seine Richtungsmarke mit der Richtung der resultierenden Unwucht zusammenfällt. Das ist nach der Verstellung um den Betrag φ_2 der Fall, da dann $\vec{F_{U2}}$, $\vec{F_{rU3}}$ und $\vec{F_{KU3}}$ in einer Richtung liegen und die Wechselwinkel φ_1 und φ_2 entstehen. Da jetzt die Winkelabweichung $-\varphi_1$ beseitigt ist, beginnt die Vorwärtsverstellung der KU, sodaß $\vec{F_{KU3}}$ betragsmäßig auf $\vec{F_{KU4}}$ anwächst. Beim Erreichen von $\vec{F_{KU4}}$ wird die zulässige Restunwucht $\vec{F_{RU2}}$ erreicht, sodaß die Kompensation beendet ist.
Jetzt liegen $\vec{F_{U2}}$ und $\vec{F_{KU4}}$ auf der neuen Ordinatenachse und der neue Fangbereich hat sich ebenfalls um den Winkel $-\varphi_1$ gedreht, da er mit der Richtungsmarke wandert.

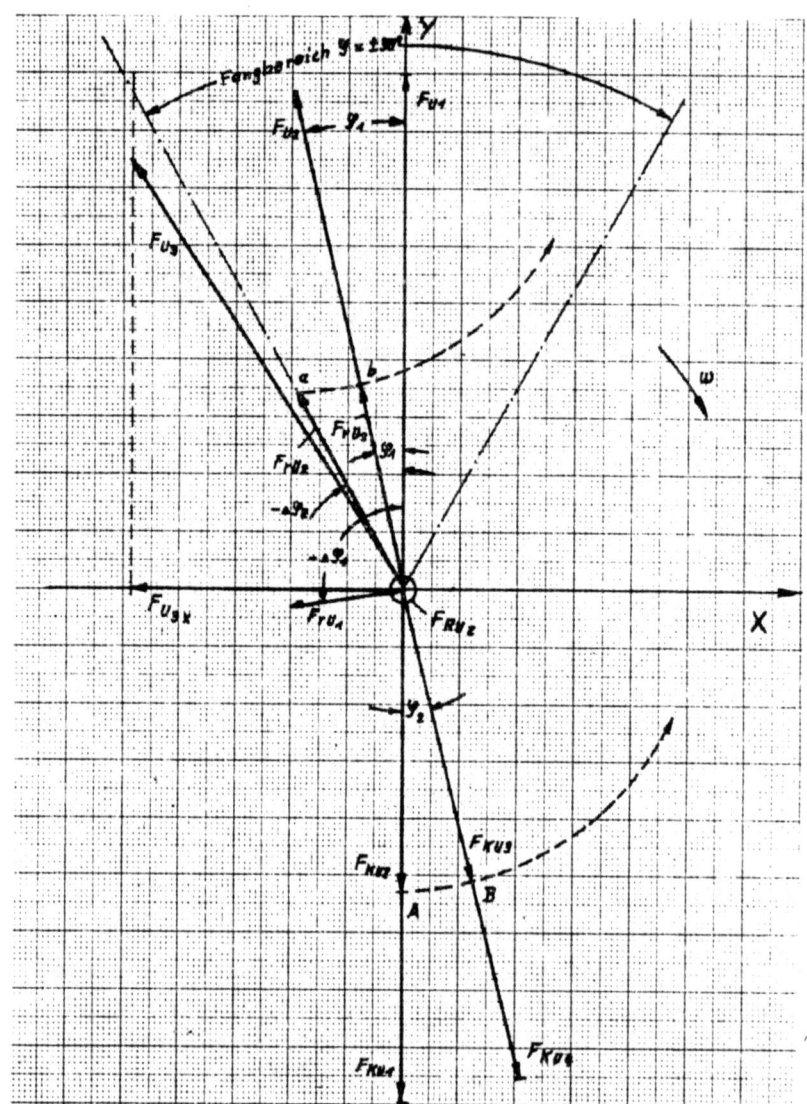

Skizze 19: Beispiel für Unwuchtkräfte beim Ausregeln einer seitlichen Verlagerung der Unwuchtmasse innerhalb des Toleranzfeldes.

Kompensationsbedingung:
$\Sigma F_x = 0$
$\Sigma F_y = 0$
Kompensationsende für
$|\vec{F_r}| < |\vec{F_{RUz}}|$

$\vec{F_U}$ = Unwuchtkraft
$\vec{F_{KU}}$ = Kompensationsunwuchtkraft
$\vec{F_{rU}}$ = resultierende Unwuchtkraft
$\vec{F_{RUz}}$ = zulässige Restunwucht
$\Delta \varphi$ = Winkelabweichung zwischen Unwucht- und Richtungsimpuls

Grenzen des Fangbereichs

Der Fangbereich ist auf ± 30° festgelegt worden. Praktisch ist eine noch weitere Ausdehnung möglich. Die Grenze liegt bei ± 90°, wie Skizze 20 verdeutlichen soll. Die KU ist bereits so weit zurückgestellt, daß die resultierende Unwucht $\vec{F_{rU}}$ in den Fangbereich fällt. Es beginnt mithin die Richtungsverstellung der KU, wobei der Fliehkraftvektor $\vec{F_{KU}}$ von A nach B gedreht werden muß. Da die resultierende Unwucht dabei den Kreisbogen $\widehat{ab}$ beschreibt, wird bei einer geringen Richtungsverstellung die resultierende Unwucht den Fangbereich sofort wieder verlassen. Das aber bedeutet Stillsetzen der Richtungsverstellung und Beginn der Größenverstellung, bis die res. Unwucht wieder in den Fangbereich fällt. Jetzt beginnt die Richtungsverstellung erneut und der gesamte Vorgang wiederholt sich. Die Folge ist eine sehr lange Ausregelzeit. Um diesen Fall zu vermeiden, muß der Fangbereich kleiner als ± 90° sein. Da der Fangbereich durch die Zeiten von monostabilen Multivibratoren fixiert ist, schwankt seine Breite mit Drehzahländerungen der Schleifscheibe. Aus diesem Grunde ist ein ausreichender Abstand der Fangbereichsgröße von der 90°-Grenze einzuhalten.

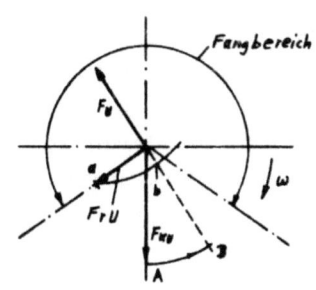

Skizze 20

Aus Skizze 19 ist zu ersehen, daß bei einer plötzlichen Verlagerung der Unwucht um einen Winkel, der nicht mehr in den Fangbereich fällt ($\vec{F_{U3}}$), eine Kraftkomponente $\vec{F_{U3x}}$ entsteht, die verhindert, daß durch Zurückfahren von $\vec{F_{KU1}}$ eine resultierende Unwucht gebildet wird, die wieder in den Fangbereich fällt. Deshalb wird in diesem Fall die KU

Zwangsläufig ganz zurückgefahren und für die neue Kompensation der Wuchtzylinder erst in die richtige Position gebracht.

Weiterhin sieht man, daß die KU nur wenig zurückgefahren wird, wenn sie die Unwucht geringfügig verlagert, sofern durch die Verlagerung die Restunwuchtkraft $\overrightarrow{F_{RUz}}$ überhaupt überschritten wird.

Wie gezeigt, könnte der Fangbereich auf maximal $\pm 90°$ ausgedehnt werden, was aber nicht erforderlich ist, wenn nur allmähliche Verlagerungen der Unwucht zugelassen wird. Der Fangbereich ist auf $\pm 30°$ festgelegt worden. Das bedeutet allerdings, daß bei plötzlichen Unwuchtänderungen die mögliche kürzeste Ausregelzeit nicht ausgenutzt wird. Weiterhin hat es sich als sinnvoll erwiesen, zusätzlich einen Toleranzwinkel φ_{Rest} vorzugeben, da

a) Winkelschwankungen durch Störeinflüsse wie z.B. oberwellen entstehen können und dadurch der Richtungsmotor dauernd ein- und ausgeschaltet würde. Im Versuchsaufbau entstanden beispielsweise Winkelschwankungen von $\pm 0,36°$ durch den Oberwellengehalt der Netzspannung, die ohne besondere Siebung für die Simulation der Druck- und Richtungsimpulse verwandt wurde,

b) sonst die Kompensation zu oft unterbrochen und damit zeitaufwendig würde (Richtungsverstellung besitzt Priorität), denn es ist praktisch kaum möglich, die KU sofort in die richtige Phasenlage zu bringen, bedingt durch Meßfehler, die sich aus Linearitätsfehler der benötigten Sägezahnspannung, sowie durch Unsymmetrie der Druckimpulse ergeben.

c) infolge Nachlauf des Richtungsmotors keine absolute Deckung der Impulsvorderflanken von Druck- und Richtungsimpulsen möglich ist.

Da der Toleranzwinkel φ_{Rest} aber die erreichbare Restunwucht mit bestimmt und andererseits die Restunwucht auch durch den Störpegel festgelegt wird, muß der Toleranzwinkel versuchsmäßig optimiert werden. Er ist deshalb von außen einstellbar.

7. Blockschaltbild und Gesamtplan der Regeleinrichtung

Erläuterungen zum Blockschaltbild

Für den Entwurf einer Schaltung, die das beschriebene Regelprinzip erfüllt, soll zunächst zur besseren Übersicht der Signalverknüpfungen ein Blockschaltbild erstellt werden. Hier sind die wichtigsten Verknüpfungen des Funktionsablaufs dargestellt, ohne andere wichtige Details wie z.B. Verriegelung der Motore für die Handsteuerung. Die Rückwirkung der Stelleinrichtung auf die Unwucht ist an den strichpunktierten Linien erkennbar.

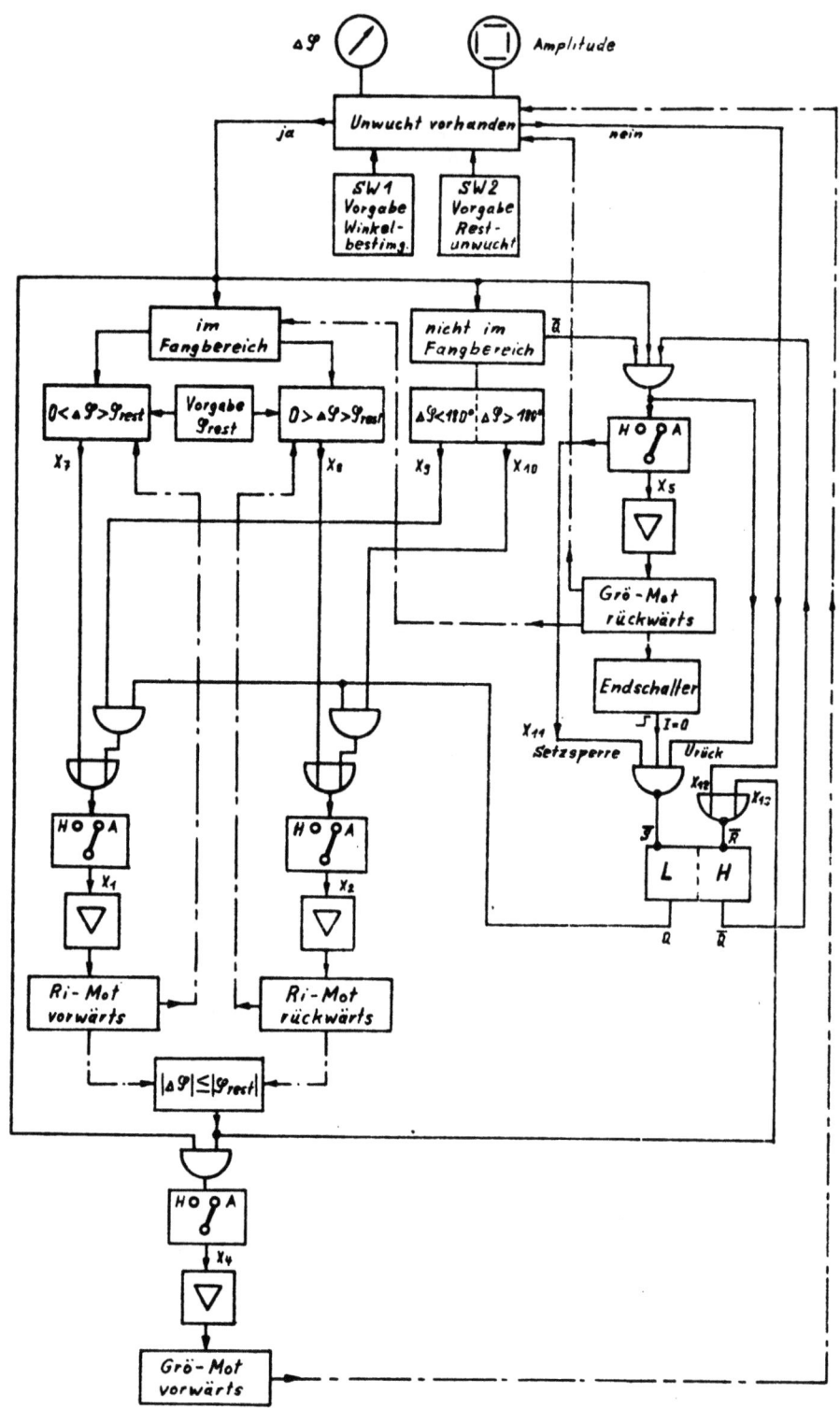

Skizze 21: Blockschaltbild

Mit der Vorgabe eines Schwellwertes SW2 für die zulässige
Restunwucht ergibt sich für das Vorhandensein einer Unwucht
eine binäre Aussage. Für die Bestimmung der Phasenverschiebung
ist die Vorgabe eines zweiten Schwellwertes SW1
aus den bereits genannten Gründen erforderlich. Fällt die
Unwucht in den Fangbereich, erfolgt je nach positiver oder
negativer Winkelabweichung $\Delta \varphi$ ein entgegengesetzt wirkender
Eingriff durch den Richtungsmotor. Erst, wenn die
Regelabweichung beim Winkel so weit beseitigt ist, daß $\Delta \varphi$
kleiner als ein vorgegebener Restwinkel ist, erfolgt die
Freigabe der Größenverstellung "Grö-Mot vorwärts". Wenn
die resultierende Unwucht nicht in den Fangbereich fällt,
wird der Befehl "Grö-Mot rückwärts" gegeben. Dadurch sind
die beiden beschriebenen Fälle möglich:

a) durch den Rückwärtslauf wird die Kompensation erreicht
b) durch den Rückwärtslauf wird die Kompensation nicht erreicht.

Tritt der letzte Fall ein, schaltet sich der Motor über
einen im Wuchtzylinder eingebauten Endschalter aus. Da
jedoch der Schaltverstärker "Grö-Mot rückwärts" noch
angesteuert ist, könnte wegen gegenseitiger Verriegelung
später der Schaltverstärker "Grö-Mot vorwärts" nicht mehr
eingeschaltet werden. Um dies zu vermeiden, wird, da $I_M = 0$
wurde, ein Grund-FF gesetzt. Sein $\overline{Q}$-Ausgang wird log"0",
sodaß die Ansteuerung für den Schaltverstärker "Grö-Mot-
Rückwärts" entfällt. Da dann die Spannung U = 0 wird, wird
der FF-Eingang $\overline{S}$ log"1", sodaß am FF-Eingang nur ein kurzer
Setzimpuls (log"0") entsteht. Das gesetzte FF gibt die
Richtungsverstellung frei.
Je nachdem wo die resultierende Unwucht außerhalb des
Fangbereiches liegt, erfolgt eine Vorwärts- oder Rückwärtsverstellung.
Diese Aufteilung bei $\varphi = 180°$ ist notwendig,
um den kleinsten Drehwinkel (kürzeste Laufzeit) zu finden.
Nach erfolgter Richtungsverstellung ($|\Delta \varphi| \leq |\varphi_{rest}|$) wird
das FF wieder gelöscht, und da die Bedingung $|\Delta \varphi| \leq |\varphi_{rest}|$
erfüllt ist, beginnt in bekannter Weise die Größenverstellung

"vorwärts". Ist die Bedingung nicht mehr gegeben,wird
die Kompensation sofort unterbrochen (Priorität der Richtungsverstellung),damit eine Korrektur des Winkels erfolgen
kann. Anschließend wird die Kompensation fortgesetzt,bis
die Restunwucht erreicht ist.
Der FF-Eingang $\overline{R}$ ist im Gegensatz zu $\overline{S}$ dauernd angesteuert,
solange $|\Delta\varphi| \leq |\varphi_{rest}|$ ist oder die Unwucht null ist,damit
das FF durch eventuell auftretende Störimpulse nicht
gesetzt werden kann. Wenn die Bedingungen $|\Delta\varphi| \leq |\varphi_{rest}|$ und
Unwucht = 0 nicht erfüllt sind,muß das FF ebenfalls für
alle Betriebsfälle bei Einschalten der Versorgungsspannung
wieder den richtigen Zustand einnehmen.Das das der Fall
ist,sei an folgenden Betriebszuständen gezeigt:

1.Situation: a) Endschalter <u>aus</u> → I = 0
              b) Verstärker "Grö-Mot-rück" <u>angesteuert</u>,
                 weil Unwucht nicht im Fangbereich → $U_{rück}$=log"1"

Ergebnis: FF wird richtig gesetzt,da Nand-Bedingung
              erfüllt.

2.Situation: a) Endschalter <u>aus</u>
              b) Verstärker "Grö-Mot-rück" <u>nicht angesteuert</u>
                 somit I = 0

Ergebnis: Da $|\Delta\varphi| \leq |\varphi_{rest}|$ nicht erfüllt und Endschalter
              aus,liegt die Unwucht nicht im Fangbereich.
              Dann ist aber "Grö-Mot-rück" zwangsläufig
              doch eingeschaltet,d.h. die konstruierte
              Kombination tritt praktisch nicht auf.

3.Situation: a) Endschalter <u>ein</u>
              b) Verstärker "Grö-Mot-rück" <u>nicht angesteuert</u>
                 somit I = 0

Ergebnis: Da Bedingung $|\Delta\varphi| \leq |\varphi_{rest}|$ wie angenommen nicht
              erfüllt ist,wird nach Einschalten der
              Speisespannung die Richtungsverstellung
              angesteuert. Das FF erhält keinen Setzimpuls,

aber durch Vorzugslage könnte es in die Setzstellung (Q = log"1") kippen. Das stört aber nicht, da über die Oder-Verknüpfung dann nur eine doppelte Ansteuerung des Verstärkers "Ri-Mot" erfolgt. Wenn $|\Delta \mathcal{Y}| \leq |\mathcal{Y}_{rest}|$, wird das FF wieder gelöscht.

4. Situation: a) Endschalter <u>ein</u>
b) Verstärker "Grö-Mot-rück" <u>angesteuert</u>, somit I ≠ 0

Ergebnis: Nand-Bedingung nicht erfüllt (d.h. $\overline{S}$=log"1"). Die Nor-Bedingung wird aber beim Einschalten der Speisespannung kurzzeitig erfüllt, da die Aussage "Unwucht vorhanden" etwas verzögert auftritt. Somit erhält das FF einen Löschimpuls. Der nach der Wahrheitstabelle unzulässige Fall $\overline{S^n}$ = log"1" <u>und</u> $\overline{R^n}$ = log"1" wird also vermieden.

Da also keine Fehlsetzung des FF beim Einschalten der Speisespannung eintreten kann, erübrigt sich eine besondere Löscheinrichtung. Weiterhin muß noch geprüft werden, ob das FF bei Umschaltung von "Automatik" auf "Hand" und wieder zurück keine falsche Stellung einnimmt. Der kritische Fall tritt ein, wenn "Grö-Mot-rück" gerade läuft und dann auf "Hand" umgeschaltet wird. Es wird also I = 0, und da $U_{rück}$ vorhanden, würde die Setzbedingung erfüllt. Um das zu vermeiden, wird von der Handumschaltung eine Setzsperre (X 11 = log"0") eingeschaltet.

Zusammenfassung der erforderlichen Signale.

Für die logisch richtige Ansteuerung der Stellmotore ist die Herleitung folgender Signale aus den Druck- und Richtungsimpulsen erforderlich:

a) Aussage "Unwucht vorhanden",

b) Erkennung des kleinsten Drehwinkels, wenn die Druckimpulse nicht in den Fangbereich fallen ($\Delta \varphi < 180°$, $\Delta \varphi \geq 180°$),

c) Aussage "KU = 0" zur Freigabe des Ri-Mot, wenn sich der "Grö-Mot-rück" über den Endschalter ausgeschaltet hat,

d) Richtungsverstellung Ri-Mot-vor/rück mit Vorgabe des Fangbereiches,
der Aussage "Unwucht fällt nicht in den Fangbereich"
und der Aussage "$|\Delta \varphi| \leq |\varphi_{rest}|$".

Ferner wird für den Handbetrieb eine Anzeige der Phasenverschiebung $\Delta \varphi$ (0 bis 360°) benötigt und die notwendige Verriegelung zwischen den Betriebsarten "vor" und "rück". Die Entwicklung dieser Forderungen führte zum folgenden Gesamtplan der Regeleinrichtung, wobei die weiteren Zwischenüberlegungen aus Platzgründen hier übergangen worden sind.

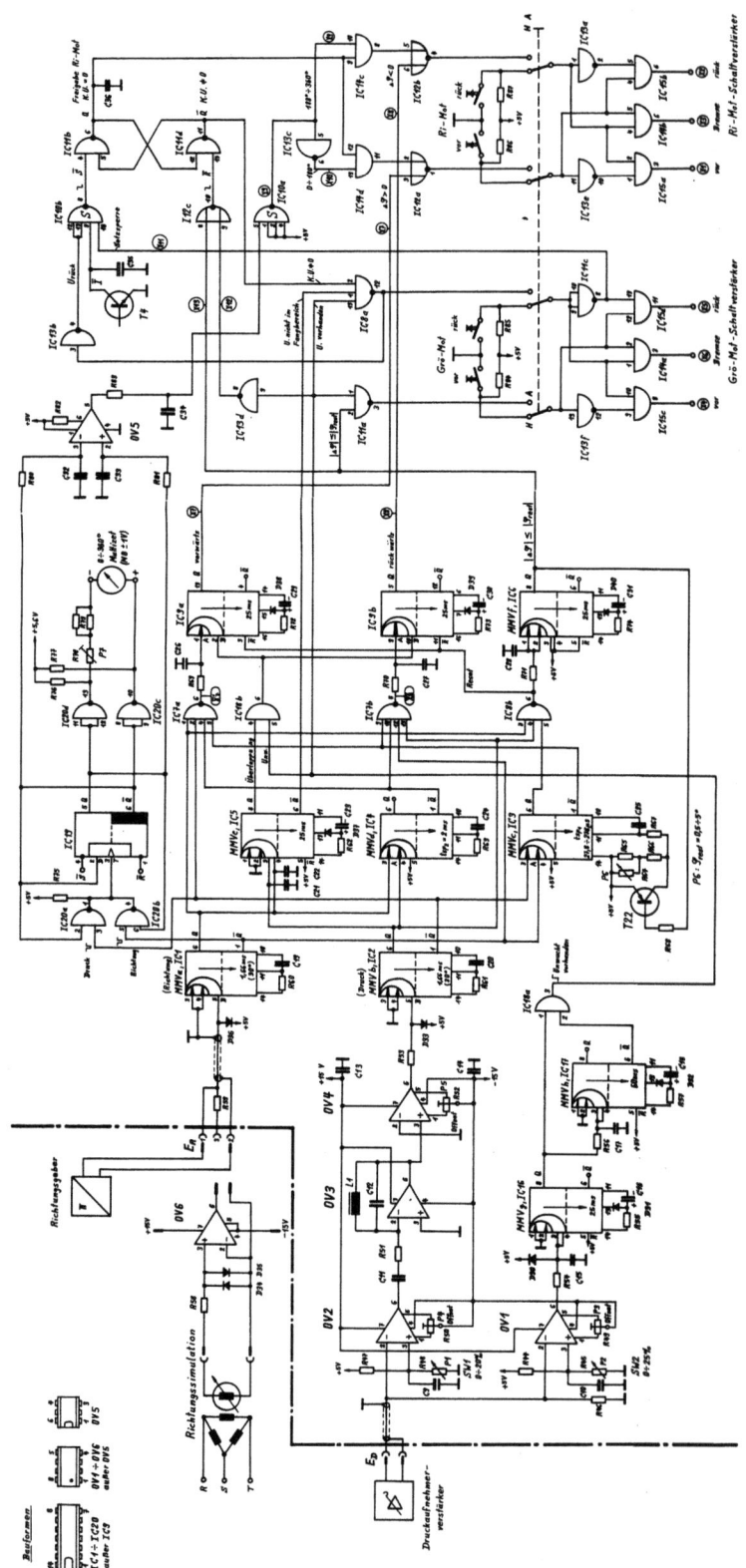

Gesamtplan der Regeleinrichtung

8. Mechanischer Teil der Auswuchteinrichtung

Da keine geeignete Schleifmaschine zum Anbau der Wuchtkammern zur Verfügung stand, mußte eine Modelleinrichtung gebaut werden, mit der Erprobungsversuche durchgeführt werden konnten. Diese Versuche sollten später auch Schleifversuche umfassen, um Vergleichsmöglichkeiten zwischen dem Schleifergebnis mit und ohne Auswuchtautomatik zu erhalten. Das folgende Photo zeigt die Modelleinrichtung.

Modelleinrichtung zur Erprobung der automatischen Auswuchteinrichtung.

Sie besteht aus einer Hohlwelle, die in zwei hydrostatischen Lagern gehalten ist. Links erkennt man das breitere kombinierte Radial-Axiallager. In der Wellenmitte befindet sich eine Stahlscheibe anstatt einer Schleifscheibe, da hierbei Unwuchtmassen leichter angebracht werden konnten.

Links und rechts außen befinden sich die beiden Wuchtkammern, die die Kompensationsmassen mit den zur Verstellung erforderlichen Getrieben enthalten. In die Hohlwelle sind die Getriebe-Stellmotoren für Richtung und Größe der Kompensationsunwucht eingebaut. Die Anordnung der hintereinanderliegenden Stellmotore ist aus der Gesamtzeichnung der Hohlwelle auf Seite 40 ersichtlich. Vor den beiden Wuchtkammern erkennt man die Schleifringe für die Signalübertragung. Der Antrieb der Hohlwelle erfolgte mit Hilfe eines Hydraulikmotors über zwei parallel geschaltete Keilriemen. Hierdurch ergaben sich zwar zusätzliche Lagerdrücke, die jedoch keinen Einfluß auf die Unwuchtmessung hatten. Sie bewirkten lediglich eine Verschiebung der durch das Eigengewicht hervorgerufenen statischen Lagerdrücke. Der Hydraulikmotor wurde von einem Hydraulikaggregat gespeist, das gleichzeitig die hydrostatischen Lager mit Drucköl versorgte.

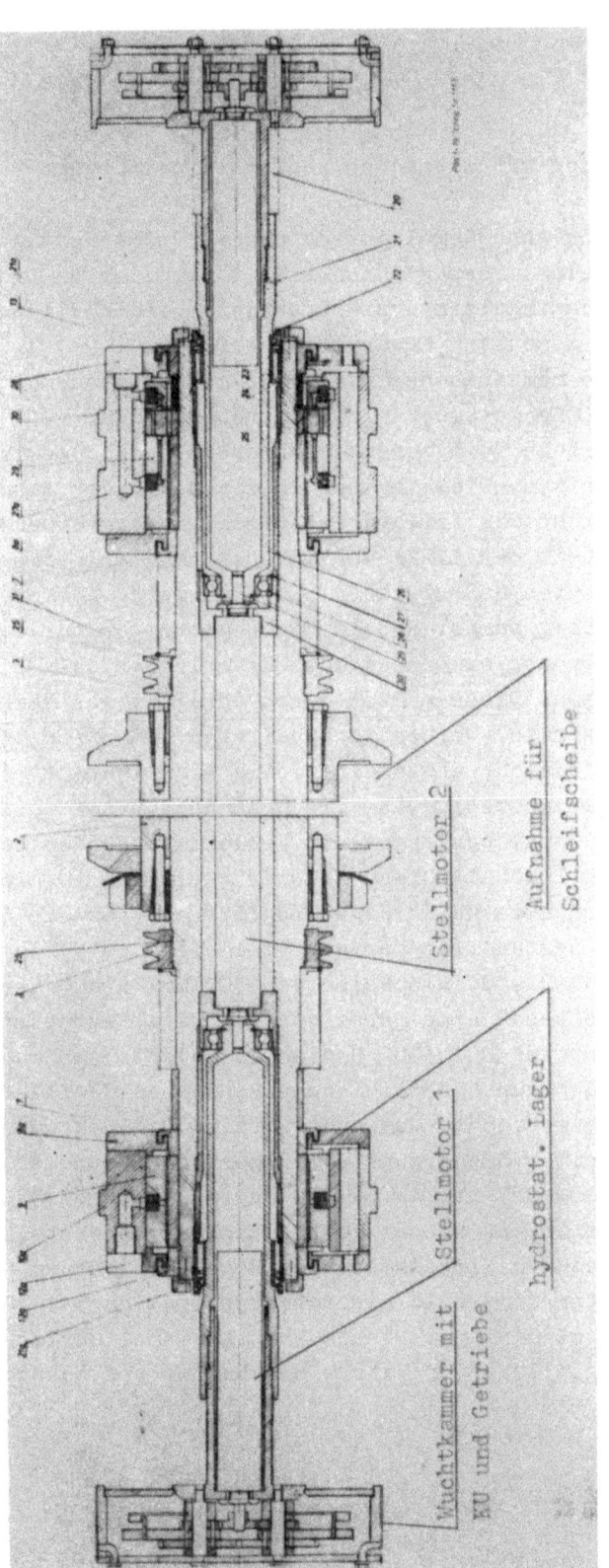

Hohlwelle mit Kompensationsmassen (KU) und Stelleinrichtung

9. Erprobung der automatischen Auswuchteinrichtung.

Die elektronische Regeleinrichtung war nach Fertigstellung mit Hilfe eines Phasenschiebers mit simulierten Druck- und Richtungsimpulsen erprobt worden. Die Schaltung hatte die in sie gesetzten Erwartungen erfüllt.
Nachdem die mechanische Modelleinrichtung zusammengebaut war, konnte die gesamte Anlage erprobt werden.
Der mechanische Teil bereitete hierbei jedoch gewisse Schwierigkeiten. Diese bestanden darin, daß der geschweißte Unterbau nicht die für hydrostatische Lager notwendige hohe Steifheit besaß. Es war äußerst schwierig, die Lager so auszurichten, daß sie über einen längeren Zeitraum funktionsfähig waren. Sobald die Lagertemperatur auf Grund der Drosselerwärmung des Öls stieg, ergaben sich Verklemmungen. Diese mußten durch vorsichtiges Nachrichten beseitigt werden. Weiterhin arbeiteten die offen liegenden Schleifringe nicht einwandfrei. Wie sich im Laufe der Versuche herausstellte, lag die Ursache für zeitweilig schlechte Signalübertragung in Verschmutzung der Schleifringe durch Ölnebel. Diese Schwierigkeit konnte nicht behoben werden, da keine Kapselmöglichkeit für die Schleifringkörper bestand. Im übrigen verliefen die Versuche erfolgreich. Die Stahlscheibe von 300 mm Durchmesser und 10 mm Dicke besaß eine Masse von 5,56 kg. Die Betriebsdrehzahl war auf $n = 3000$ U/min festgelegt. Am Scheibenumfang wurden durch verschiedene Schrauben definierte Unwuchten angebracht. Verwandt wurden 10 g, 5 g und 1 g. Die zugehörigen Schwerpunktsverlagerungen betrugen 0,27 mm, 0,13 mm und 0,027 mm. Auf einem angeschlossenen Oszillografen konnten mit diesen Werten Eichkurven erstellt werden. Nach dem Einschalten der Regeleinrichtung wurden die Unwuchten innerhalb einer Zeitspanne von 5-10 Sekunden weitgehend eliminiert. Dieses konnte einmal qualitativ durch Feststellung der Vibrationsabnahme und quantitativ

durch Vergleich der Oszillografenaufzeichnungen festgestellt werden. Die verbleibende Restunwucht, bzw. Rest-Schwerpunktsverlagerung betrug etwa 5 μm. Dieser Wert kann nicht als hervorragend bezeichnet werden. Die Ursache hierfür lag vermutlich darin, daß die Betriebsdrehzahl von 3000 U/min nicht exakt konstant gehalten werden konnte, sondern auf Grund der Eigenschaften des hydraulischen Antriebsmotors periodischen Schwankungen unterlag. Wie auf Seite 15 erläutert wurde, müßte für diesen Fall eine automatische Bandpaßabstimmung vorgesehen werden. Hierfür liegt ein Schaltungsprinzip vor, das jedoch im Detail nicht entwickelt worden ist. Darüber hinaus war der Betriebsdruck auf Grund des Ungleichförmigkeitsgrades der Hydraulikpumpe im Antriebsaggregat nicht exakt konstant, wodurch der Störpegel bei den Druckmessungen erhöht wurde. Weiterhin kann die Ursache in Linearitätsfehlern der für die Maximumsbestimmung benötigten Sägezahnspannung, sowie in Unsymmetrie der Druckimpulse liegen (s. Seite 10 u. 30). Die hierzu notwendigen Untersuchungen konnten im Rahmen der vorgesehenen Arbeiten nicht mehr durchgeführt werden. Sie bleiben späteren Untersuchungen vorbehalten.
Es ist allerdings zu beachten, daß das Ziel der vorliegenden Arbeit nicht ein Erreichen höchster Auswuchtgüte war, sondern eine Untersuchung über die Realisierbarkeit einer selbsttätig arbeitenden Auswuchteinrichtung. Diese konnte verwirklicht werden.

10. Schlußbetrachtung

Ersatz des Druckaufnehmers durch andere physikalische Verfahren.

Der für die Regeleinrichtung erforderliche Druckaufnehmer und Ladungsverstärker stellen einen erheblichen Kostenfaktor dar, da es sich um geeichte Geräte handelt. Für die beschriebene Versuchseinrichtung erscheint der Einsatz dieser Geräte gerechtfertigt, um auch Unwuchtkraftmessungen vorzunehmen.

Da bei dem entwickelten Regelprinzip jedoch keine Messung
der Unwuchtkraft erfolgt, kann dieser Teil der Einrichtung
eventuell durch eine andere Einheit ersetzt werden, wenn
außer dem Prototyp weitere Auswuchteinrichtungen dieser
Art gebaut werden. Bisher erfolgte die Bildung der Un-
wuchtimpulse über den Weg der Druckentstehung im hydrostatischen Lager. Die Ursache des dynamischen Druckes ist
jedoch die Auslenkung der Welle aus ihrer Ruhelage durch
den Fliehkraftvektor. Der Umweg über die Druckerfassung
ist aber nicht unbedingt erforderlich, da die Wegverschiebung,
sofern es sich um eine ferromagnetische Welle handelt,
auch dazu benutzt werden kann, einen induktiven Geber zu
beeinflussen (Änderung der Induktivität durch wechselnden
Wellenabstand innerhalb des hydrostatischen Lagers).
Eine weitere Möglichkeit besteht darin, durch den schwankenden
Abstand zwischen Welle und Lagerschale eine Änderung der
magnetischen Induktion B zu erzwingen, die von einem entsprechenden Empfänger (z.B. Hallgenerator) ausgewertet
wird. Dabei ist es durch eine zweifache Geberanordnung
möglich, die Empfindlichkeit zu steigern, da sich bei einer
Verschiebung der Welle in Richtung Geber 1 für die eine
Seite eine positive, und für die andere Seite eine negative
Änderung ergibt. Eine derartige Einrichtung, die nicht den
Umweg über die Druckbildung geht, läßt einmal eine Ver-
billigung und zum anderen eine Verminderung des Störpegels
erwarten, da eventuelle periodische Druckschwankungen der
Hydraulikpumpe einen geringeren Einfluß auf das Ausgangs-
signal hätten. Weiterhin werden durch eine direkte Erfassung
der Wellenverschiebung Phasenfehler, die durch den Druckaufnehmer entstehen, vermieden.

Einsatz der elektronischen Regeleinrichtung an mehreren
Schleifmaschinen.

Geht man davon aus, daß sich die Unwuchtmasse einer Schleifscheibe nur allmählich nach Phase und Größe ändert, wird die

Verstellung der KU erst nach einer bestimmten Zeit wieder einsetzen,d.h. die Stelleinrichtung ruht die meiste Zeit. Um eine bessere Ausnutzung zu erreichen,wäre es möglich, mehrere Schleifmaschinen an die Regeleinrichtung anzuschließen. Dazu müßten die Unwucht- und Richtungsgeber, sowie die Stellmotore der einzelnen Schleifmaschinen zeitlich nacheinander an die Regeleinrichtung angeschlossen werden,sodaß die Auswuchtung jeder einzelnen Schleifmaschine in bestimmten Zeitabständen kontrolliert,und,wenn erforderlich,korrigiert würde.

11. Literaturverzeichnis

1. Richtlinie VDI 2060: Beurteilungsmaßstäbe für den Auswuchtzustand rotierender starrer Körper. Beuth-Vertrieb, Berlin Okt. 1966
2. International Standard ISO 1940: Balance Quality of Rotating Rigid Bodies, Edition 1974, Genf 1974
3. Werkstattblatt 145: Auswuchttechnik I, 7. Ausg. bearb. v. K. Federn, Hanser-Verlag München 1964
4. Werkstattblatt 221/222: Auswuchttechnik II, 6. Ausg. Hanser-Verlag, München 1964
5. Auswuchttechnik, von K. Federn, Bd. 1, Springer-Verlag Berlin 197
6. Grundlagen der Auswuchttechnik, von W. Schneider, D. Reger und K. H. Bauer, Programmierter Unterricht der C. Schenck GmbH Darmstadt 1971
7. Auswuchten und Auswuchtprobleme, von R. Reis, Fa. Kühnle, Kopp & Kausch, Frankenthal 1975
8. Digitale Schaltkreise, von Schaller/Nüchtel, Teubner-Verlag Stuttgart
9. Transistor-Berechnungs- und Bauanleitungsbuch, von W. Hofacker-Verlag, München
10. Schaltungen mit Operationsverstärkern, Bd. 1, von Bergtold Oldenbourg-Verlag München
11. Das TTL-Kochbuch, Texas Instruments, Deutschland GmbH Freising.
12. Elektrische Nachrichtentechnik, Bd. 2 und 3, von Schröder, Feldmann und Rommel, Verlag für Radio-Foto-Kinotechnik Berlin
13. Einführung in Entwurf und Berechnung von Kippschaltungen, von Bienert, Dr. A. Hüthing Verlag Heidelberg.

MIX
Papier aus verantwortungsvollen Quellen
Paper from responsible sources
FSC® C105338

If you have any concerns about our products,
you can contact us on
ProductSafety@springernature.com

In case Publisher is established outside the EU,
the EU authorized representative is:
**Springer Nature Customer Service Center GmbH
Europaplatz 3, 69115 Heidelberg, Germany**

Printed by Libri Plureos GmbH
in Hamburg, Germany